U0288700

北京版权保护中心引进书版权合同登记 01-2019-5408

图书在版编目（CIP）数据

植物的奋斗 /（美）陈又治著；段虹绘 . -- 北京：
新世界出版社，2019.11（2024.4 重印）
ISBN 978-7-5104-6892-6

Ⅰ . ①植… Ⅱ . ①陈… ②段… Ⅲ . ①植物—少儿读
物 Ⅳ . ① Q94-49

中国版本图书馆 CIP 数据核字 (2019) 第 197092 号

植物的奋斗

作　　者：[美]陈又治 / 著　段虹 / 绘
策　　划：步印文化
责任编辑：贾瑞娜
特约编辑：林少敏　张晨曦
责任校对：宣　慧
封面设计：海　凝
版式设计：张盼盼
责任印制：王宝根
出版发行：新世界出版社
社　　址：北京西城区百万庄大街 24 号（100037）
发 行 部：(010) 6899 5968　(010) 6899 8705（传真）
总 编 室：(010) 6899 5424　(010) 6832 6679（传真）
http://www.nwp.cn　　http://www.nwp.com.cn
版 权 部：+8610 6899 6306
版权部电子信箱：frank@nwp.com.cn
印　　刷：艺堂印刷（天津）有限公司
经　　销：新华书店
开　　本：710×1000　1/16
字　　数：100 千字　　印 张：5.25
版　　次：2019 年 11 月第 1 版　2024 年 4 月第 13 次印刷
书　　号：ISBN 978-7-5104-6892-6
定　　价：59.80 元

[美] 陈又治 / 著

段虹 / 绘

植物的奋斗

新世界出版社

NEW WORLD PRESS

太阳从东边升起，新的一天开始了。

新的日子里，有新的事情要做。大人有大人的事、小孩有小孩的事；鸟兽、昆虫也有它们自己的事，大家都很忙。

爸爸妈妈为了一家人的生活忙碌；你呢，也忙着上学，忙着游戏；动物们忙着到处找东西吃。

6

在忙碌的生活里，你看到青青的树、红红的花，也许会羡慕地想：植物真舒服，日子过得多悠闲，不用读书，不用做事，就能长高长大。

如果我告诉你，植物也都很忙，它们也要工作，也要努力奋斗，才能生活，你相信不相信呢？

四年前

四年后

　　每一棵植物，从一粒小小的种子开始，就得为生活而奋斗。它要用尽力气，想法子从土壤里钻出来。没有父母可以依赖，没有别人来帮忙，一切都要靠自己。风吹雨打，日晒水淹，它们都得忍受。要是不坚强，克服不了困难，就没有办法生活下去。

有人类居住的地方，有植物；人类不能居住的地方，也有植物。沙漠、南北极、海洋，它们都能生存。只要给它们一点点机会，它们就会抓住这个机会发芽生长，你一定看见过石缝里长出的小树、马路上长出的小草吧？这就是它们奋斗求生的证明。

植物的奋斗精神，对它们自己有好处，对人类也有好处。大多数植物最伟大奇妙的地方，是自己制造食物过活。所有的动物，连人类都算上，谁也没有这个本事。这是植物跟动物最大的分别。要是植物不工作，慢慢死光了，到了那一天，世界上就没有动物了，当然也就没有人类了。

　　这话猛一听，好像没有道理；但细想一想，却很容易明白。没有植物，那些吃植物的动物就会饿死；吃植物的动物饿死了，吃动物的动物没有动物可吃，也会饿死。这样一来，不是所有的动物都没有了吗？

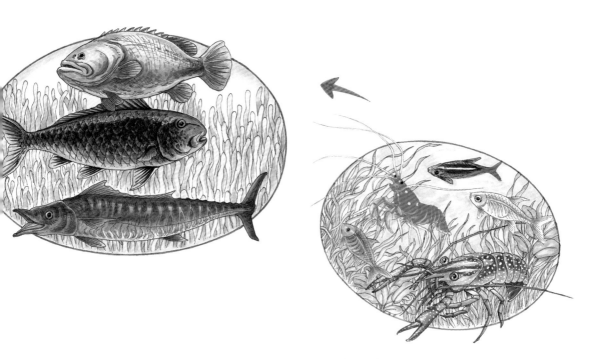

比方说，人可以不吃蔬菜、水果，光喝牛奶、吃牛肉过生活，可是牛是吃草的，没有草吃，牛就活不成，又哪里来的牛奶和牛肉？

在海里，大鱼吃小鱼，可是小鱼的食物却是一种只有一个细胞的植物。在草原上，狮子吃羚羊，羚羊是只吃植物的。

不管怎么说，所有食物的来源，追根问底，最后都会落到植物头上。说植物维持我们的生命，是没错的。

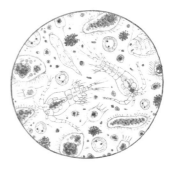

　　植物的种子离开母体以后，有的被风吹走，有的被动物带走，如果落在一个合适的环境里，就会赶紧发芽。如果运气不好，来到太寒冷或太干燥的地方，它就发不了芽。这时候，它并不绝望，它会静静地等待另一个机会，转到适合的环境里去。要是机会一直不来，时间拖得太久，这粒种子干了、烂了，才算完全绝望，再也不能发芽了。

　　发芽需要的养分，是原来就储藏在种子里面的。发芽以后，种子里的养分就用完了，以后的生长、开花、结子，得另外有养分才行。

　　植物的养分，主要指的是水和一种叫二氧化碳的气体。植物的根负责从土里吸收水分，水分里包含有用的矿物质；叶子负责从空气里吸收二氧化碳，然后用这些东西做原料，制成植物所需要的食物，使它们一天天长大。

植物的食物从哪来？

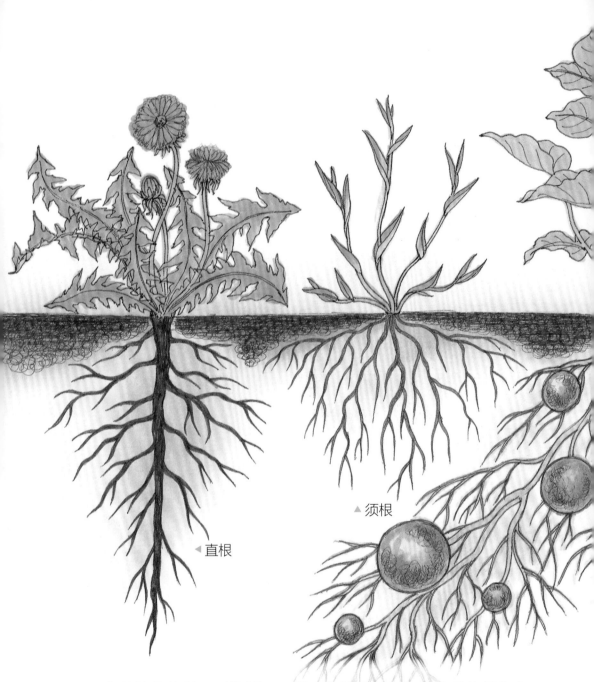

▲须根

◀直根

　　各种植物的根，形状都不一样，有的是以一条比较粗的根为主，周围有许多细的副根；有的没有主副的差别，粗细相近，数目很多，长长的，好像胡子一样。有的是球状的，有的是掌状的，有的是纺锤状的。但是，不管是哪一种形状的根，在根尖附近，都长着许多

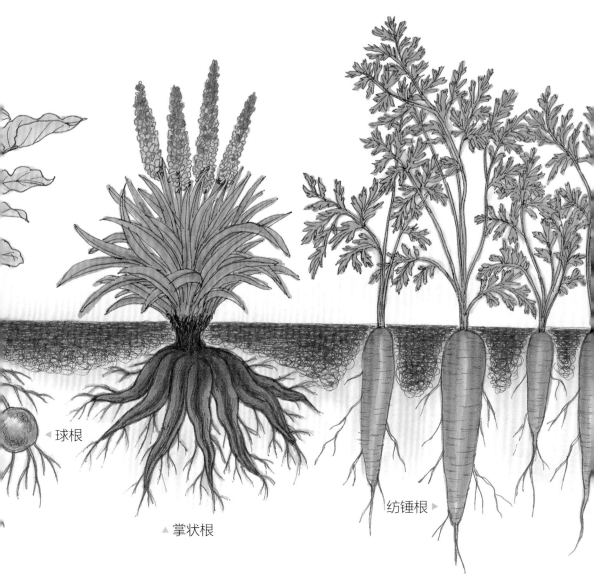

◀ 球根

▲ 掌状根

纺锤根 ▶

细细的、密密的根毛，紧紧地扒住土粒，或是钻进石缝里去。吸收水分的工作，就是这些根毛承担的。

所以，我们在移植花木的时候，要连土壤一起移植，怕的就是这些根毛被弄断。如果用手拔取，哪怕你再仔细、再小心，也免不了会损伤它的根毛。根毛受了伤，就不能再工作。受伤的根毛太多，那这棵植物吸收水分的能力就会大减，那时候你再浇多少水，它也活不成了。

　　植物的茎里有一束束细长的管子，叫作"维管束"，通到每片叶子上去。根所吸收的水分，能很快地从这些管子运送到叶子里去。我们看见的叶脉，就是这些管子在叶片上所形成的运输网。

　　空气里有大量的二氧化碳。这种气体对人体来说，是一种废物，因为人体无法吸收利用它。可是对植物来说，正好相反，这是它们生长必需的东西。

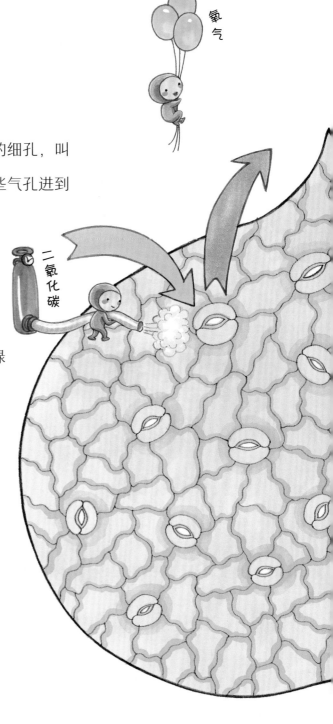

植物的叶子有许多很小的细孔，叫作气孔，二氧化碳就是从这些气孔进到叶子里去的。

植物的根和叶，吸收了水分和二氧化碳以后，就都送到叶子里的小工厂里去。这种小工厂叫作叶绿体。叶子里的细胞之所以看起来是绿色的，就是因为叶绿体里面有叶绿素的存在。这就像你在一个透明的塑料袋里面装满红色的球，那袋子看来就是红色的，这道理是一样的。

氧气

二氧化碳

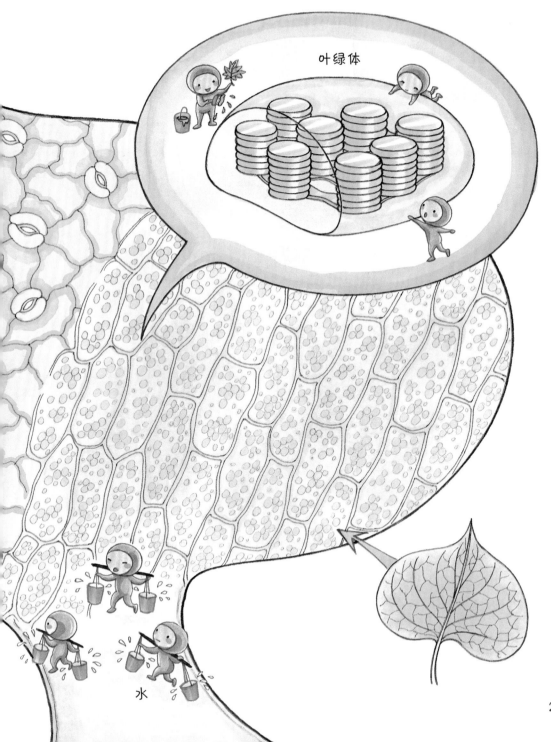

　　叶绿体能把水分和二氧化碳合成葡萄糖，再把糖又变成别的各种成分，像淀粉、脂肪、蛋白质这些东西，送到植物全身各处。用不完的，就储藏起来。

　　有的草本植物的茎里也有叶绿体，只是不太多。木本植物的茎里就没有叶绿体。

　　一片小小的叶子里，含有无数个叶绿体工厂。这种小工厂构造复杂，工作的方法很奇妙，科学家们研究了很长时间，到现在还没弄清楚，它们是怎样把水和二氧化碳变成植物的食物的。

阳光

水

有一种枫树，人们把它的树干弄破，接个管子，就会有甜汁从管子里流出来。这种甜汁可以用火熬成糖，很好吃。枫树的根从地里所吸收的水不含糖，枫树的叶子从空气里吸收的二氧化碳也不含糖，那么这些糖是哪里来的？当然是枫树自己造的了，它的造糖工厂就是叶绿体。

多数的植物所造的糖没有枫树那么多，有些一边造，一边就用光了；又有些很快地把糖变成了淀粉和别的养分，我们不能一下子就尝出来。

二氧化碳

水

氧气

能量

糖

植物不止会产生氧气，
也会像我们一样吸入氧气，呼出二氧化碳

这些叶绿体工厂的机器要是不发动，就没办法造食物。它们发动机器，用的不是石油，不是电，也不是煤，而是阳光。

在阳光下，叶绿体工厂不断地加工，静静地，没有噪声，没有烟尘，可是产品却是又精良、又奇妙。最有趣的是在加工过程中，会放出一种"废物"，这种"废物"却是人类呼吸最需要的气体，那就是氧气。公园里，庭院里，树木花草多，空气显得特别清新，也是这个道理。

你要是留意的话，会看见鱼缸里的水草常常冒出气泡来，那可能是水草把氧气或者呼吸产生的二氧化碳排出来了。植物排出的氧气，也是它们给人类最宝贵的礼物。

植物要得到二氧化碳不是难事：有空气的地方，就有二氧化碳。可是要得到水分（包括矿物质，因为矿物质是溶在水里的）和阳光，却不是每株植物都容易办到的。

有些地方气候干燥，有些地方阳光不足，对植物的生存来说，都是不利的。植物生在这种环境里，就得加倍努力地奋斗，战胜恶劣环境，在干燥的气候下、极少的阳光中，想法子生存，一代一代地繁殖下去。

　　玉米就是一个常见的例子。它很耐旱，不怕水分少。它有自己的一套抢水"秘诀"：在离地不远的茎上，生出许多根来，这些露在地面上的根，也能伸进地下去，一方面帮着地下部分的根吸收水分，一方面帮着支撑身体。

玉米的根

榕树长了很多"胡须"，使它看起来很威严。这些长胡须是一种特别的根，叫作"气根"，用来吸收空气里的水分。气根也可以像普通根一样，钻进土里，也尽自己的一份力量，帮助支撑榕树那庞大的身体。植物要生存，首先要站稳。向下扎根，就是站稳的第一步。

　　沙漠里的植物，环境特别不好，它们更要努力工作，设法解决水荒问题。麟凤兰把它的根扎得好深好深，这样就可以吸收地下水，不怕地面干燥了。

　　仙人掌的根和麟凤兰相反，它不求深，却往四面八方蔓延，分布很广，一旦下雨，就可以很快地吸收水分。因为沙漠里的雨水，

往往在渗入地下之前，就已经被太阳蒸发掉大半了，它的根又广又多，可以在短时间内多抢一点水分。

储水茎

在沙漠里，雨水是很稀少的，平常都是干旱的天气，仙人掌于是进化了另一套储水办法，它的茎长得又粗又胖，可以储藏水分，当雨水不够的时候，也能维持生活，不会干死。

前面说过叶子上的气孔，是二氧化碳进入叶子的小门。可是植物体内的水分，也会从这些小门里蒸发出去。在潮湿的地方，蒸发出去一些，还没有关系；在干旱的地方，水分宝贵，要是让它总是这样丢掉，植物很快就会枯死。

所以，在干燥地方生长的植物，要堵住这个漏洞，各有各的"秘密武器"。

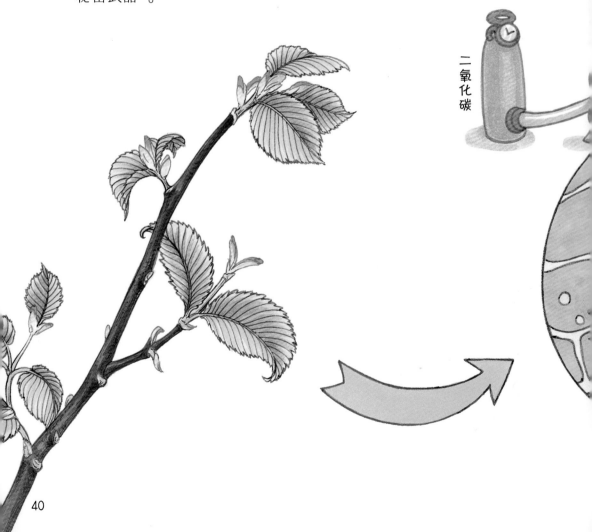

二氧化碳

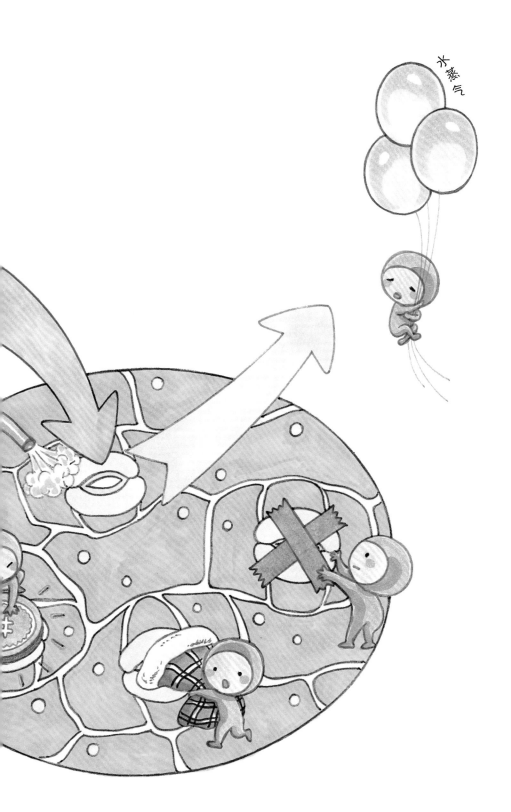

水蒸气

　　像虎尾兰，它的叶子长得很厚实，还含有一种胶质，这样的叶子，又能储藏水分，又能减少水分的蒸发。

　　仙人掌的种类很多，有的仙人掌叶子退化为刺，刺的面积小，气孔少，蒸发的水分也就少了。有的仙人掌根本不长叶子，茎上长满了白毛，看起来像个大毛球。这都是为了防止水分蒸发的"绝招"。

　　仙人掌的叶绿体分布在它的茎里，所以它制造食物的工作是在茎里进行。

老乐柱 ▶

寒冷的地方，气候干燥，树木的叶子多半是针状，也是为了保持水分。

阔叶树，像榆树、枫树，叶子面积大，气孔多。到了冬天，叶子常会掉落，枝干光秃秃的，看起来好像枯死了一样。因为冬天气温低，制造食物的效率也降低，甚至会"饿肚子"。又宽又多的树叶反而会和枝干"抢食"，所以这些阔叶树索性把叶子掉落，进入冬眠状态，休息一段时间不工作，来保持体内的养分。等春天一到，环境变好，它再萌出新芽，显露出生命的希望。

▲ 针叶的气孔

46

▲ 阔叶的气孔

松树、柏树是针叶树，针叶树不冬眠，一年四季都是绿的，叫常绿树。常绿树也掉叶子，只不过它们的叶子是隔一阵子掉一些，不是一下子都掉光，所以人们几乎看不出来。

尤加利树的叶子 ▼

阔叶树里有些也是常绿树。这是因为它们的叶子上包着一层很厚的保护质，水分不容易跑掉。像南方常见的尤加利树就是。下次你出去玩儿，可以摘下一片尤加利树的叶子来看看。看它是不是比较厚，表面好像刷了油漆一样？

　　植物也要为争取阳光而奋斗，争取阳光更是各有各的办法。

　　有些植物一心一意地发展主干，把主干生得又直又高，叫别的
植物挡不住它的光。像柏树、松树就是这样。南方常见的棕榈，也
是利用长高个子的办法来抢阳光的。它的枝叶长在树顶，好像戴了
顶大草帽；茎干越长越高，草帽也跟着往上推，得到的阳光也就越
来越多。椰子、槟榔都是棕榈的亲戚，它们用的是同一个办法。

面包树

　　有些树木侧面的枝干随着主干一起长大，形成一把张开的大雨伞的样子。这样它的地盘可以占得很大，地盘大了，得到的阳光也就多了。

　　多数的植物是又往高长，又往旁边长，两种办法都用。

粉扇铁兰 ▶

▼粉扇铁兰的种子

　　森林里的树木又高大又茂密，非常阴暗。按说森林里的小野花生存的机会是不多的，因为水分、空气、阳光它们都得不到多少。可是它们会赶时间！在早春时节，趁着树木的叶子还没长出来，森林里还算明亮的时候，它们就赶紧长叶、开花。到了夏季，树木的叶子全长好了，阳光也都被遮住了，这时候它的花儿也已经开过，种子也结好了。

藤类植物没有坚强的茎干，不能站得高高的而获得足够的阳光，怎么办呢？它们会到处蔓延，遇到可以攀附的东西，树木也好，岩石也好，就像蟒蛇一样毫不客气地缠上去，越攀越高，越伸越广。被攀附的树木不是被它压倒，就是因为阳光被它抢去最后枯死。

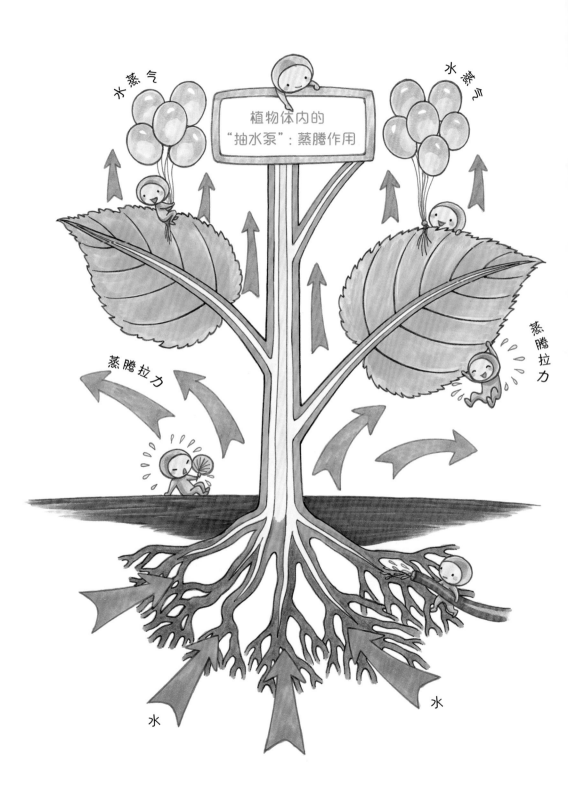

　　热带森林中藤类植物最繁茂，常常好几株茎藤缠绕着一株已经枯死、腐烂的树木。这些茎藤从这株树上缠到那株树上，纠结在一起，绵绵密密的。如果把一株茎藤拉直了，高度可达世上最高的树木的三倍，足有大半个操场的跑道那么长，你说惊人不惊人！

　　更令人不可思议的是，藤类的根部吸收了水分以后，要输送到三百多米高，交给它们的叶绿体工厂去制造食物。仅从这一点就能看出它们为了生活，是多么地努力工作了。

绝大多数的植物，在阳光充足的地方，才能生活得最顺利、最健康。如果阳光太少，它们会长得又细又瘦，好像生病的样子，要是长期阳光不足，只有枯萎死去。

不过，也并不是所有的植物都要充足的阳光，有些植物偏偏爱在阴暗的地方生长。

美国有一种很像向日葵的植物，名叫指南花，它的生长需要阳光，但阳光又不能太强。所以它的叶柄弯弯的，叶片不是面向南方，就是面向北方，这样可以避免正午阳光的直射，只享受早晨和黄昏温和的阳光。

◀ 下午

叶片指南 ▶

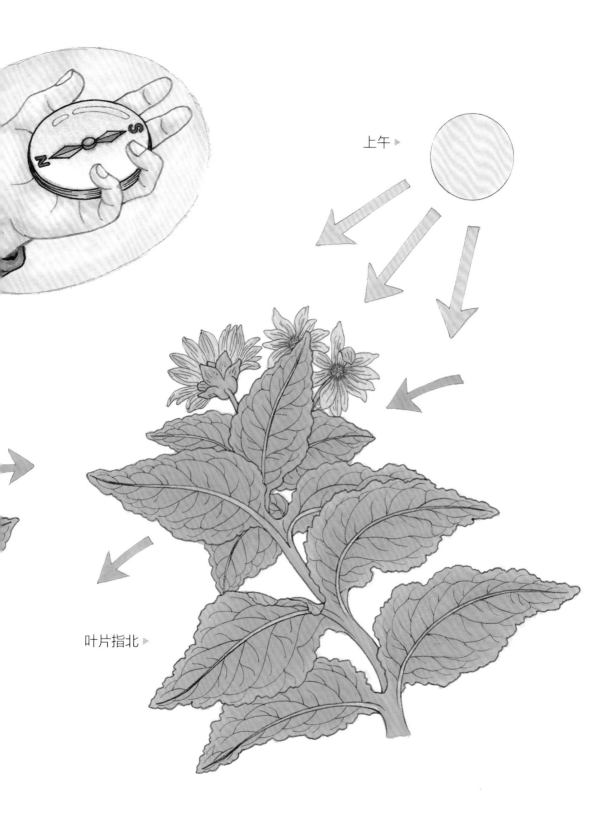

上午 ▶

叶片指北 ▶

蕨类植物需要的阳光较少，只要有普通植物所需阳光的八分之一就够它生活了。阳光太多，它反而会死掉。

深海中的藻类所能得到的阳光，还赶不上满月时的月光强，可是它却能利用这一点点阳光来制造食物，愉快地生活。

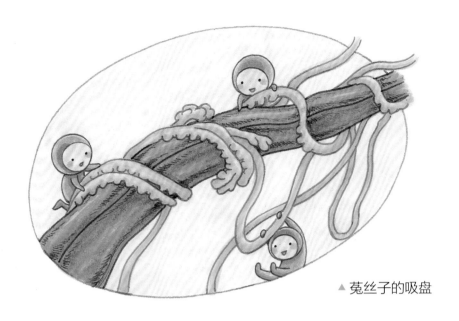

▲ 菟丝子的吸盘

所有的植物都为了获得水分、二氧化碳和阳光，努力地工作。因为有了这些东西，植物才能生长。可是，也有些植物好像不大争气，过着寄生的生活。那也怪不得它们，它们生来就不能自己制造食物。

菟丝子就是自己不能制造食物的一种植物。因为它没有根，所以根本无法吸收水分；它的茎是黄色或橘黄色的，上面不生叶子，也不能吸收二氧化碳。那它只好用赖皮的办法，把茎缠在别的植物身上，从它的茎上会长出一个个小吸盘，伸入人家的茎中吸取养分，使自己长大。

　　到了夏天，菟丝子开花了，有纯白、粉红、淡黄几种颜色，很
好看。好像要答谢那棵给它养分的植物似的。

兰花有些是附生在其他植物身上的，可是它并不吸取别的植物身上的养料。它的根大部分暴露在空气中，从空气中获得二氧化碳和水分，它有青翠的叶子，有很多叶绿体工厂，所以它能自己制造食物。

那它为什么要附在其他植物的身上呢？原来一般植物从土中吸收水分的时候，连带就能得到生长所需要的矿物质。兰花的气根从空气里得不到这种矿物质，所以它必须从其他植物身上腐烂的地方来获取。

这就是人们养殖兰花时，要用桫椤（suō luó）的原因，因为桫椤腐烂的植物茎里面有兰花所需要的矿物质。

▲ 缺氮元素　　　　　　　　　　▲ 缺钾元素

◂桫椤

▲ 刺猬番茄的茎叶上长满了尖锐的刺

一棵植物单是能争取到养分，就能生活下去吗？不见得！它们还得对抗敌人、抵抗疾病、忍受天灾，这些都是它们要应付的问题。

　　昆虫、野兽常常要吃它们，它们得想法子保护自己。所以有的植物身上长满了硬刺，有的植物长了一身茸毛，有的植物能发出怪味，还有的植物身体里含有毒素，使动物不敢打它们的主意。

▲ 剧毒的相思豆　　　　　　　▲ 水仙也有剧毒

植物也有植物的病，营养不良会生病，营养太多也会生病，环境、气候不好，更能影响它们的健康。说来实在很怪，植物不能像人一样有感觉，可是它们对自己的麻烦，好像是知道的。

　　它们总是尽量让身体里的养分保持平衡。你也许看见过，如果一棵植物被施得肥料太多，它很快会把一部分叶子变黄，枝茎变枯，告诉你它实在吃得太多，快生病了。要是它被刀子、斧子弄伤了，马上自己想法子治疗，把伤口补起来，或是在伤口旁边长出许多新的枝条，伸向阳光。

　　要是你把一片草叶弄弯，叫它弯向地面，小心别碰伤它，几天以后，不用别人帮忙，它自己就会又挺立起来。

　　遇到火灾、风灾，破坏的力量太大，植物的命运就比较悲惨了。它们不能跑也不能飞，只有忍受。大火要是不把它全身烧焦，大风要是不把它所有的根都拔出来，那么它还有机会活下去。一片树林着火了，树干、树枝被烧得嘶嘶作响，真好像它们在哭着求救；刮台风的时候，树木花草在狂风暴雨里东摇西摆的样子，就像不屈不挠的战士，在拼命战斗。

我们常常看见活了几百年的老树，欣赏它们好看的姿态，却很少注意老树上面的伤痕，很少想到它的每个伤痕都代表一个奋斗的故事。它们活了那么多年，实在是不容易的。

一提到植物，我们最先想到的就是植物不会动，没有声音。这话正确吗？

你要是留意，有耐心，用眼睛去看，用耳朵去听，植物的工作你是看得见的，植物工作时发出微小的声响，你是听得到的。

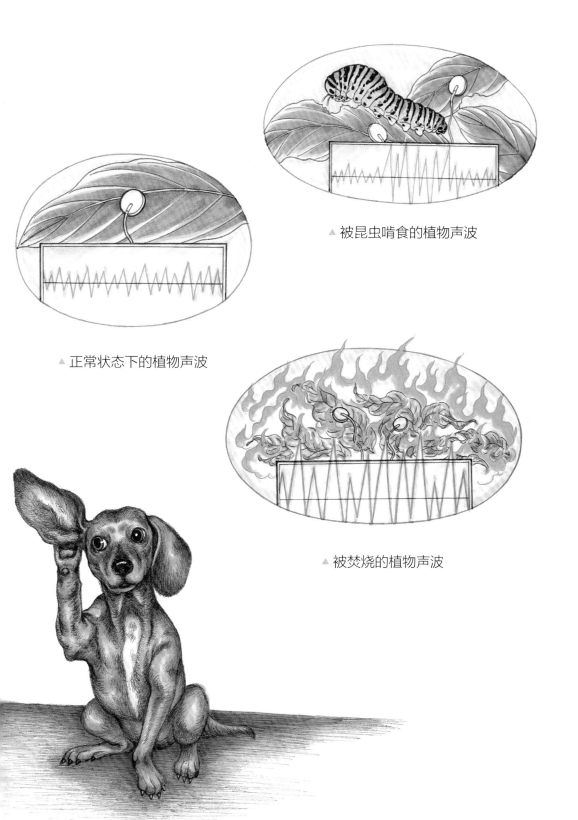

▲ 被昆虫啃食的植物声波

▲ 正常状态下的植物声波

▲ 被焚烧的植物声波

　　如果用一台放映机来快

进播放的话，可以清楚地看见植

物的叶子慢慢地转向阳光；可以看见

植物的嫩枝朝每个方向弯曲生长；可以看见紧闭

的花苞渐渐地舒展，就像你懒洋洋地起床；可以看

见花开了，就像我们慢慢地张开手掌。

假使能拍到地下细根生长的电影，你可以看见根毛转来转去地寻找水分，有时候遇到一块石头，那小小的根毛好像在停下来想一想该怎么办，然后爬进石缝里去，紧紧地绕在一粒土壤上。

一个小嫩芽，努力冲破种子的硬壳，探头探脑地钻出地面，一定会发出细微的声音来。豆荚儿忽然崩开，种子跟着跳出来，也会轻轻地"噼啪"一响。平常你不知道这些，那是你没留意，没有细心观察的缘故。以后你看见了，听见了，就会感到特别喜悦，就会佩服植物奋斗的精神，就会决心保护植物，因为植物也在保护着你。

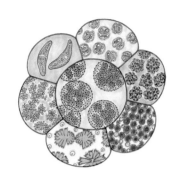

"在海里，大鱼吃小鱼，可是小鱼的食物却是一种只有一个细胞的植物。"这些植物是什么呢？

　　小鱼的食物是蓝藻*、硅藻这些单细胞植物，单独存在时肉眼看不见。它们的种类很多，大部分生活在海水或淡水里。蓝藻颜色蓝绿，但也有别的颜色的。如我们常见到溪流石块表面有黑绿色滑溜溜的覆盖物，那些往往是蓝藻。当湖水被污染时，蓝藻常会大量繁殖，有些种类还会产生毒素。硅藻细胞壁含硅，在电子显微镜下看起来，它们犹如表面满是细刺的小玻璃盒。这些坚硬的外壳在硅藻死亡后，会沉积在水底形成硅藻土。硅藻土坚硬多孔，可以用来做游泳池滤水剂及牙膏等。

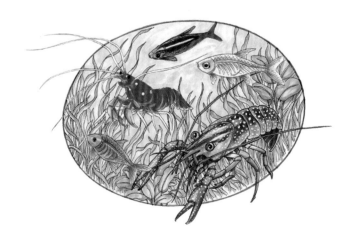

*蓝藻一直被认为是原始植物，因为它能像植物一样进行光合作用，但考虑到它身上与植物的不同点更多，所以最新的研究把它归类为原生生物。

"叶子之所以看起来是绿色的，是因为叶绿体里面有叶绿素的存在。"可是到了秋天，叶子变黄又是怎么回事呢？

　　叶子里除了叶绿素，还有其他色素。春夏季节，植物的叶绿素含量很高，其他色素无法显现出来。到了秋天，日光减少，光合作用减弱，落叶树为了准备过冬，不再生产叶绿素，这时候，叶子里的其他色素就呈现出来了。

"发芽需要的养分，是原来就储藏在种子里面的。"种子里
还有什么，又是怎么变成一株植物的呢？

种子生来有外衣，外衣名字叫种皮；

子叶裹在种皮里，储存营养多又齐；

小小胚芽长头顶，破土而出变叶茎；

还有胚根藏其中，化作根须扎土地。

"鱼缸里的水草常常冒出气泡来，那可能是水草把氧气或者
呼吸产生的二氧化碳排出来了。"水草也会呼吸吗？

植物和动物一样，需要靠呼吸产生能量维持生命。植物
的光合作用只有在有光线时才能进行，但呼吸作用却是昼夜
不停的。它们也和我们一样，吸入氧气，排出二氧化碳。室
内植物常因主人浇水过度而死，就是因为根部泡在水里无法
呼吸的缘故。

"如果一棵植物被施得肥料太多，它很快会把一部分叶子变黄，枝茎变枯，告诉你它实在吃太多，快生病了。"植物施肥太多该怎么办呢？

小心地把植物从花盆里挖出来，把根部洗干净，剪去发黄和枯萎的根和叶，伤口晾干后种在新的花盆里。就像人吃得太咸需要大量喝水一样，植物肥料"吃得太多"也需要浇水稀释，让土壤"变淡"。给施肥过多的植物叶面喷水，也可以帮助它们尽快恢复。

洗根换盆 ▶

灌水稀释 ▲

叶片洒水 ▶